AF457300

DE L'ÉTAT ACTUEL

DE LA

NAVIGATION DE LA SEINE,

ENTRE ROUEN ET PARIS.

DE L'ÉTAT ACTUEL

DE LA

NAVIGATION DE LA SEINE,

ENTRE ROUEN ET PARIS,

ET

DES MOYENS DE LA PERFECTIONNER;

PAR M. MONIER,

INSPECTEUR DE LA NAVIGATION.

PRIX : 5 FR.

PARIS,

DELAUNAY, LIBRAIRE, PALAIS-ROYAL.

Novembre 1832.

INTRODUCTION.

Au moment où l'Administration de la ville de Paris va faire usage du droit que la loi lui accorde, concernant l'établissement d'un Entrepôt réel dans la capitale, il est opportun, il est surtout du devoir de tout citoyen qui s'intéresse au bien public, d'indiquer les moyens les plus propres et les plus avantageux, non-seulement pour fonder cet Établissement, mais aussi pour en assurer la durée et la prospérité.

Mais on ne pourra obtenir ce résultat qu'en facilitant le plus possible la circulation des marchandises transportées sur les canaux et les rivières qui affluent dans la Seine, et notamment sur la partie inférieure de cette rivière, entre Rouen et Paris.

Cet ouvrage traite spécialement de la navigation de la Seine entre ces deux points; il est divisé en deux parties : la première est relative à la navigation telle qu'elle est actuellement; la deuxième indique les moyens de la perfectionner.

La première partie présente, dans tous leurs détails, et avec la plus grande exactitude, les objets indiqués ci-après :

1° La masse de Bateaux et de marchandises annuellement en circulation entre Rouen, l'Oise, et Paris.

2° Le nombre de relais établis sur la ligne de navigation entre Rouen et Paris, pour la remonte des Bateaux.

3° Le nombre de chevaux de halage, soit de rhuns soit de renfort, et le prix par relais.

4° Les frais de passage des ponts et pertuis.

5° Les droits d'octroi de navigation entre Rouen et Paris, pour les Bateaux montants et avalants chargés, et avalants à vide.

6° Les frais de nourriture et les gages des hommes d'équipage.

7° Les frais d'entretien d'un Bateau et l'intérêt de sa valeur.

8° La durée du voyage des Bateaux chargés, à la remonte de Rouen à Paris,

2

étant halés par dix chevaux, allant en accéléré, avec un tirant d'eau de 4 pieds 1/2 à 5 pieds.

9° *Idem* des Bateaux avalants chargés.

10° Et enfin, la dépense partielle et la dépense totale des transports, et les prix par tonneau de marchandises, à la remonte et à la descente de la Seine, telle qu'elle est actuellement.

La deuxième partie indique :

1° Les obstacles que la navigation actuelle présente entre Rouen et le canal Saint-Denis, et les travaux à faire pour la perfectionner.

2° L'évaluation des dépenses que ces travaux d'amélioration exigent.

3° Les frais de transport et les prix par tonneau de marchandises, à la remonte et à la descente de la Seine, si elle était perfectionnée.

4° Les dépenses provenantes de l'intérêt du capital employé à perfectionner la navigation de la Seine, entre Rouen et le canal Saint-Denis, y compris les frais d'entretien des canaux de dérivation, de la rivière perfectionnée, et les frais d'administration.

5° Le droit de tonnage à créer pour subvenir à ces diverses dépenses.

6° Et enfin, le tableau comparatif des prix de transport par tonneau de marchandises, à la remonte et à la descente de la Seine, telle qu'elle est actuellement, et à la remonte et à la descente de la Seine perfectionnée.

Les améliorations à faire à la navigation de la Seine se rattachent essentiellement au projet d'établir un Entrepôt réel dans la capitale, car ces améliorations assureraient un prompt succès à cet Établissement. Il est donc extrêmement important pour l'administration de la ville de Paris, et particulièrement pour MM. les capitalistes qui seront chargés de fonder cet Entrepôt, de joindre cette entreprise à celle de perfectionner la navigation de la Seine.

PREMIÈRE PARTIE.

NAVIGATION SUR LA BASSE-SEINE.

CHAPITRE PREMIER.

BATEAU CHARGÉ A LA REMONTE DE ROUEN AU CANAL SAINT-DENIS.

Frais de halage.

Un Bateau de moyenne dimension, de 40 à 44 mètres de longueur, portant 375 tonneaux de marchandises, tirant d'eau avec ce port de 4 pieds 1/2 à 5 pieds, est halé ordinairement par dix chevaux allant en accéléré; lesquels sont remplacés aux relais indiqués ci-après :

PREMIER RELAIS.		
De *Rouen* à *Bedane*, dix chevaux de rhuns, à 5 fr. par cheval.	50 fr.	» c.
DEUXIÈME RELAIS.		
De *Bedane* à *Martot*, idem, idem.	50	»
TROISIÈME RELAIS.		
De *Martot* à *Mouchoite*, dix chevaux, à 6 fr. 75 c. par cheval.	67	50
QUATRIÈME RELAIS.		
De *Mouchoite* au *Port-Pinche*, vingt chevaux, à 6 fr. par cheval.	120	»
A REPORTER.	287 fr.	50 c.

REPORT.	287 fr.	50 c.
CINQUIÈME RELAIS.		
De *Port-Pinche* à *Andelys*, dix chevaux, à 9 fr. par cheval.	90	»
SIXIÈME RELAIS.		
D'*Andelys* à la *Maison Brûlée*, idem, idem. . .	90	»
SEPTIÈME RELAIS.		
De la *Maison Brûlée* à *Port-Villé*, dix chevaux, à 7 fr. 50 c. par cheval.	75	»
En aval du pont de *Vernon*, on joint dix chevaux de renfort aux dix chevaux du septième relais, pris à la *Maison Brûlée*, pour franchir le pont de *Vernon*, difficile à remonter. Les dix chevaux du septième relais vont jusqu'à *Port-Villé*, et les dix chevaux de renfort, pris à *Vernon*, vont jusqu'à *Bonnières*.		
HUITIÈME RELAIS.		
De *Vernon* à *Bonnières*, dix chevaux, à 6 fr. 25 c. par cheval.	62	50
NEUVIÈME RELAIS.		
De *Bonnières* à *Rolleboise*, dix chevaux, à 8 fr. par cheval.	80	»
DIXIÈME RELAIS.		
De *Rolleboise* à *Meulan*, dix chevaux, à 13 fr. 50 c. par cheval.	135	»
En aval du pont de *Mantes*, on met six chevaux de renfort pour monter ce pont, à 1 fr. 10 c. par cheval.	6	60
A REPORTER.	826 fr.	60 c.

REPORT.	826 fr.	60 c.
On monte le pont de *Meulan* avec vingt chevaux, lorsque les eaux sont à 6 pieds et au-dessus; mais au-dessous de 6 pieds, le relayeur est obligé de fournir le nombre de chevaux de renfort nécessaires pour franchir ce pont, moyennant 15 fr. de supplément, ci.	15	»
ONZIÈME RELAIS.		
De *Meulan* à *Poissy*, dix chevaux, à 9 fr. par cheval.	90	»
DOUZIÈME RELAIS.		
De *Poissy* à *Maisons*, dix chevaux, à 10 fr. par cheval.	100	»
TREIZIÈME RELAIS.		
De *Maisons* à *Besons*, idem, idem.	100	»
Au pont du *Pecq*, on joint dix chevaux de renfort aux dix chevaux du treizième relais, pour monter la rivière neuve et le pertuis de la *Morue*. Ces dix chevaux de renfort, pris au *Pecq*, vont aussi jusqu'à *Besons*.		
QUATORZIÈME RELAIS.		
Du *Pecq* à *Besons*, dix chevaux de renfort, à 7 fr. par cheval.	70	»
Pour remonter le pertuis de la *Morue*, vingt chevaux suffisent lorsque les eaux sont à 8 pieds et au-dessus; mais, au-dessous de 8 pieds, on met ordinairement dix chevaux de renfort pour franchir la cataracte seulement, à 2 fr. par cheval de renfort.	20	»
A REPORTER.	1,221 fr.	60 c.

REPORT.	1,221 fr.	60 c.		
QUINZIÈME RELAIS.				
De *Besons* à *Saint-Denis*, dix chevaux, à 5 fr. par cheval.	50	»	Fr.	C.
TOTAL des frais de halage.	1,271 fr.	60 c.	1,271	60

Frais de Passage des ponts et Pertuis, pour un Bateau de moyenne dimension, de 40 à 44 mètres, chargé, à la remonte de Rouen au canal Saint-Denis.

1° Au pertuis de *Martot*, pour le chef du pertuis et douze aides ensemble.	15 fr.	» c.		
2° Au pertuis de *Poses*, pour le chef du pertuis, un aide, et divers habitants de cette commune employés au montage des Bateaux, ensemble. . .	34	»		
3° Au pertuis des *Gourdaines*, pour le chef du pertuis et cinq aides, ensemble.	7	10		
4° Au pont de *Vernon*, pour le chef de pont et vingt-quatre aides, ensemble.	34	»		
5° Au pont de *Mantes*, pour le chef de pont et douze aides, ensemble.	19	»		
6° Au pont de *Meulan*, pour le chef de pont et douze aides, ensemble.	19	»		
7° Au pont de *Poissy*, pour le chef de pont et douze aides, ensemble.	19	»		
8° Au pont de *Maisons*, pour le chef de pont et deux aides, ensemble.	5	20		
A REPORTER.	152 fr.	30 c.	1,271	

			Fr.	C.
REPORT.	152 fr.	30 c.	1,271	60
9° Au pont du *Pecq*, pour le chef de pont. . . .	2	35		
10° Au pont de *Chatou*, pour le chef de pont et un aide, ensemble.	3	80		
11° Au pertuis de la *Morue*, pour le chef du pertuis et quatre aides, ensemble.	9	50		
12° Au pont de *Besons*, pour le garde-pont....	1	25		
TOTAL des frais de passage des ponts et pertuis.	169 fr.	20 c.	169	20

Droits d'octroi de navigation pour un Bateau de moyenne dimension, de 40 à 44 mètres, chargé, à la remonte de Rouen au canal Saint-Denis.

De *Rouen* à *Pont-de-l'Arche*, un Bateau foncet de 32 à 48 mètres de longueur, paie, par mètre de longueur, 2 fr. 25 c.

Un Bateau de 44 mètres, à 2 fr. 25 c. par mètre, ci.	99 fr.	» c.	109 fr.	10 c.
Plus, un décime par franc sur le droit principal, ci.	9	90		
Plus, pour droit de timbre pour la quittance et le laissez-passer, ci.	»	20		

De *Pont-de-l'Arche* à *Mantes*, mêmes droits que ci-dessus.	109	10		
De *Mantes* au *Pecq*, idem, ci.	109	10		
Du *Pecq* au canal *Saint-Denis*, prix fixe par Bateau appartenant à cette classe, décime et timbre compris, ensemble.	14	50		
TOTAL des droits d'octroi.	341 fr.	80 c.	341	80
A REPORTER.			1,782	60

	Fr.	C.
REPORT.	1,782	60

Frais de nourriture et gages des Mariniers employés à bord d'un Bateau de moyenne dimension, de 40 à 44 mètres, chargé, à la remonte de Rouen au canal Saint-Denis.

Un Bateau de cette dimension a ordinairement cinq hommes d'équipage; on les paie à raison de 70 fr. par voyage; la durée du voyage est d'environ vingt jours, dont douze à la remonte, et huit à la descente: ce qui fait, pour les gages des cinq mariniers, la somme de 350 fr. par voyage, ci. . . . . 350 fr. » c.

Pour frais de nourriture, à 1 fr. 50 c. par jour chaque marinier, pendant vingt jours, ci. . . . . 150 »

TOTAL des frais de nourriture et des gages. . . 500 fr. » c. — 500 »

Frais d'entretien du Bateau, de ses agrès, et l'intérêt de sa valeur.

Un Bateau de 44 mètres de longueur d'une tête à l'autre, sur 8 mètres de largeur dans son milieu, et 2 mètres 50 centimètres de hauteur, coûte, y compris ses agrès, environ 25,000 fr.

L'intérêt de cette somme, à 5 pour 100, est de 1,250 fr. par an, ou de 104 fr. 17 c. par mois ou par voyage, ci. . . 104 fr. 17 c.

Pour entretenir ce Bateau et ses agrès, renouveler ce matériel, et particulièrement le trait d'envergure, lequel coûte environ 1,000 fr.; il faut, pour l'entretien de ces divers objets, une somme de 2,400 fr. par an, ou de 200 fr. par voyage, ci.... 200 »

TOTAL des frais d'entretien du Bateau. . . 304 fr. 17 c. — 304 17

TOTAL des frais de transport de marchandises chargées sur un Bateau de moyenne dimension, de 40 à 44 mètres, portant 375 tonneaux, allant à la remonte et en accéléré de *Rouen* au canal *Saint-Denis*, ci. . . . . — 2,586 77

	Fr.	C.		
REPORT des frais de transport mentionnés d'autre part.	2,586	77		
D'après le relevé exact que j'ai fait, sur les registres de l'octroi de navigation, des exercices 1828, 1829, et 1830, il résulte que le nombre moyen de Bateaux chargés à la remonte, annuellement en circulation entre *Rouen* et le canal *Saint-Denis*, est de cinq cent treize.				
			Fr.	C.
Cinq cent treize Bateaux à 2,586 fr. 77 c. chacun, pour frais de transport, ainsi qu'il est mentionné ci-dessus, forment ensemble la somme de.	. . . . . .		1,327,013	01
La moyenne des tonneaux de marchandises transportés sur ces cinq cent treize Bateaux, est de 192,375 tonneaux.				
La dépense totale, pour le transport de ces 192,375 tonneaux, est de 1,327,013 fr. 01 c.				
Ainsi, le prix, par tonneau de marchandises, revient, pour frais de transport, de *Rouen* au canal *Saint-Denis*, à 6 fr. 90 c. par tonneau.				
NOTA. Ne sont point compris, dans les frais de transport mentionnés ci-dessus, les frais de commission de *Rouen* à *Paris*, et les frais d'emmagasinage à *Rouen*, lesquels s'élèvent à environ 3 fr. par tonneau de marchandises.				
A REPORTER.	. . . . . .		1,327,013	01

		Fr. C.
REPORT.	. . . . . .	1,327,013 01

CHAPITRE II.

BATEAU CHARGÉ A LA REMONTE DE ROUEN A PARIS, PAR LE PONT DE NEUILLY.

Frais de halage.

Les frais de halage, pour un Bateau de moyenne dimension, de 40 à 44 mètres, chargé, à la remonte de *Rouen* au canal *Saint-Denis*, s'élèvent, ainsi qu'il est mentionné au premier chapitre, à la somme de. . . . . 1,271 fr. 60 c.

A laquelle somme il faut ajouter les frais des relais indiqués ci-après :

1° De *Saint-Denis* à *Neuilly*, dix chevaux, à 4 fr. 50 c. par cheval. . . . . 45 »

2° De *Neuilly* à *Paris*, dix chevaux, à 11 fr. 50 c. par cheval. . . . . 115 »

		Fr. C.	
TOTAL des frais de halage.	1,431 fr. 60 c.	1,431 60	

Frais de passage des ponts et pertuis.

Les frais de passage des ponts et pertuis, pour un Bateau de moyenne dimension, de 40 à 44 mètres, chargé, à la remonte de *Rouen* au canal *Saint-Denis*, s'élèvent, ainsi qu'il est mentionné au premier chapitre, à la somme de. . . . . . . 169 fr. 20 c.

A laquelle somme il faut ajouter les frais de passage des ponts indiqués ci-après :

1° Au pont d'*Asnières*, pour le garde-pont. . . 1 25

2° Au pont de *Neuilly*, pour *idem*. 1 25

A REPORTER.	171 fr. 70 c.	1,431 60	1,327,013 01

			Fr.	C.	Fr.	C.
REPORT.	171 fr.	70 c.	1,431	60	1,327,013	01
3° Au pont de *Saint-Cloud*, pour le chef de pont et six aides, ensemble.	12	55				
4° Au pont de *Sèvres*, pour le garde-pont. . .	1	25				
TOTAL des frais de passage des ponts et pertuis.	185 fr.	50 c.	185	50		
Droits d'octroi de navigation.						
Les droits d'octroi de navigation, pour un Bateau de moyenne dimension, de 40 à 44 mètres, chargé, à la remonte de *Rouen* au canal *Saint-Denis*, s'élèvent, ainsi qu'il est mentionné au premier chapitre, à la somme de.	341 fr.	80 c.				
A laquelle somme il faut ajouter le droit d'octroi de navigation de *Neuilly* à *Paris*, qui est de 10 fr. 10 c., droit fixe, pour les Bateaux appartenants à cette classe, décime et timbre compris, ci. . . .	10	10				
TOTAL des droits d'octroi.	351 fr.	90 c.	351	90		
Les frais de nourriture et les gages des mariniers employés à bord d'un Bateau de moyenne dimension, chargé, à la remonte de *Rouen* à *Paris*, par *Neuilly*, les frais d'entretien du Bateau, de ses agrès, et l'intérêt de sa valeur; ces divers frais sont les mêmes que ceux mentionnés au premier chapitre, lesquels s'élèvent à la somme de.			804	17		
TOTAL des frais de transport de marchandises chargées sur un Bateau de moyenne dimension, portant 375 tonneaux, allant à la remonte et en accéléré de *Rouen* à *Paris*, par le pont de *Neuilly*...			2,773	17		
Le nombre moyen de Bateaux chargés, à la remonte de *Rouen* à *Paris*, par le pont de *Neuilly*, est de cent soixante-onze.						
A REPORTER.			2,773	17	1,327,013	01

	Fr.	C.	Fr.	C.
REPORT des frais mentionnés d'autre part.	2,773	17	1,327,013	01
Cent soixante-onze Bateaux à 2,773 fr. 17 c. chacun, pour frais de transport, ainsi qu'il est mentionné ci-dessus, forment ensemble la somme de.	. . . . . .		474,212	07
La moyenne des tonneaux de marchandises transportés sur ces cent soixante-onze Bateaux, est de 64,125 tonneaux.				
La dépense totale, pour le transport de ces 64,125 tonneaux, est de 474,212 fr. 07 c.				
Ainsi, le prix, par tonneau de marchandises, revient, pour frais de transport, de *Rouen* à *Paris*, par le pont de *Neuilly*, à 7 fr. 40 c. par tonneau.				
A REPORTER.	. . . . . .		1,801,225	08

	Fr.	C.	Fr.	C.
REPORT.			1,801,225	08

CHAPITRE III.

BATEAU CHARGÉ A LA REMONTE DE CONFLANS AU CANAL SAINT-DENIS.

Frais de halage.

Les Bateaux venant de l'*Oise* à *Paris*, ne marchent point en accélérés; ils vont à longs jours.

Un Bateau de moyenne dimension, de 40 à 44 mètres, chargé, à la remonte de *Conflans* à *Paris*, est halé ordinairement par huit chevaux de rhuns; lesquels vont, sans interruption, du point de départ à celui d'arrivage.

Le prix de ces huit chevaux de rhuns, pour aller de *Conflans* au canal *Saint-Denis*, est de 55 fr. par cheval, ensemble. . . . . 440 fr. » c.

A ces huit chevaux de rhuns, on ajoute des chevaux de renfort aux relais indiqués ci-après :

1° Au pont de *Maisons*, deux chevaux de renfort qui vont jusqu'au *Pecq*, à 5 fr. par cheval. . 10 »

2° Au *Pecq*, dix chevaux de renfort qui vont jusqu'à *Chatou*, à 5 fr. 25 c. par cheval. 52 50

3° Au pertuis de la *Morue*, vingt chevaux de renfort pour monter la cataracte seulement, à 2 fr. par cheval. 40 »

			Fr.	C.		
TOTAL des frais de halage.	542 fr.	50 c.	542	50		
A REPORTER.			542	50	1,801,225	08

	Fr.	C.	Fr.	C.
REPORT.	542	50	1,801,225	08

Frais de passage des ponts et pertuis.

1° Au pont de *Maisons*, pour le chef de pont et deux aides, ensemble.	5 fr.	20 c.				
2° Au pont du *Pecq*, pour le chef de pont. . . .	2	35				
3° Au pont de *Chatou*, pour le chef de pont et un aide, ensemble.	3	80				
4° Au pertuis de la *Morue*, pour le chef du pertuis et quatre aides, ensemble.	9	50				
5° Au pont de *Besons*, pour le garde-pont. . .	1	25				
TOTAL des frais de passage des ponts. . . .	22 fr.	10 c.	22	10		

Droits d'octroi de navigation.

Un Bateau foncet de 38 à 50 mètres de longueur, chargé, à la remonte, de l'*Oise* à *Paris*, paie les droits d'octroi de navigation indiqués ci-après :

1° De *Conflans* au *Pecq*, pour droit fixe par Bateau appartenant à cette classe, décime et timbre compris, ensemble.	11 fr.	20 c.				
2° Du *Pecq* au canal *Saint-Denis*, pour droit principal, décime et timbre compris, 14 fr. 50 c., comme venant de *Mantes*.	14	50				
TOTAL des droits d'octroi.	25 fr.	70 c.	25	70		
A REPORTER.			590	30	1,801,225	08

		Fr.	C.	Fr.	C.
REPORT.		590	30	1,801,225	08
Frais de nourriture et gages des Mariniers employés à bord d'un Bateau de moyenne dimension, de 40 à 44 mètres, chargé, à la remonte de Conflans au canal Saint-Denis.					
Un Bateau de cette dimension a ordinairement trois hommes d'équipage; lesquels sont payés à raison de 35 fr. par voyage de *Conflans* à *Paris*, et la descente comprise; ce qui fait pour les gages de ces trois mariniers, la somme de. . . .	105 fr. » c.				
Pour frais de nourriture pendant la durée du voyage, qui est de huit jours pour la remonte et la descente, à 1 fr. 50 c. par jour chaque marin, 12 fr., et pour les trois mariniers.	36 »				
Les frais d'entretien du Bateau, de ses agrès et l'intérêt de sa valeur, comme il est mentionné au premier chapitre.	304 17				
TOTAL des frais de nourriture et des gages. .	445 fr. 17 c.	445	17		
TOTAL des frais de transport de marchandises chargées sur un Bateau de moyenne dimension, de 40 à 44 mètres, portant 375 tonneaux, allant à la remonte et à longs jours de *Conflans* au canal *Saint-Denis*.		1,035	47		
Le nombre moyen de Bateaux chargés, à la remonte de *Conflans* au canal *Saint-Denis*, est de sept cent un.					
Sept cent un Bateaux à 1,035 fr. 47 c. chacun, pour frais de transport, ainsi qu'il est mentionné ci-dessus, forment ensemble la somme de.		. . . . . .		725,864	47
A REPORTER.		. . . . . .		2,527,089	55

		Fr.	C.
REPORT.	. . . . . .	2,527,089	55
La moyenne des tonneaux de marchandises transportés sur ces sept cent un Bateaux, est de 262,875 tonneaux.			
La dépense totale, pour le transport de ces 262,875 tonneaux, est de 725,864 fr. 47 c.			
Ainsi, le prix, par tonneau de marchandises, revient, pour frais de transport, de *Conflans* au canal *Saint-Denis*, à 2 fr. 76 c. par tonneau.			
A REPORTER.	. . . . . .	2,527,089	55

	Fr.	C.	Fr.	C.
REPORT.	. . . . . .		2,527,089	55

CHAPITRE IV.

BATEAU CHARGÉ, A LA REMONTE DE CONFLANS A PARIS, PAR LE PONT DE NEUILLY.

Frais de halage.

Les frais de halage, pour un Bateau de moyenne dimension, de 40 à 44 mètres, allant à longs jours, chargé, à la remonte de *Conflans* au canal *Saint-Denis*, s'élèvent, ainsi qu'il est mentionné au troisième chapitre, à la somme de. . . . . . 542 fr. 50 c.

A laquelle somme il faut ajouter les frais des relais indiqués ci-après :

1° De *Saint-Denis* à *Neuilly*, deux chevaux de renfort, à 4 fr. chacun.	8	»
2° De *Neuilly* à *Saint-Cloud*, idem.	8	»
3° A *Saint-Cloud*, deux chevaux de renfort pour monter le pont, seulement, à 1 fr. 50 c. chacun.	3	»
4° De *Passy* à *Paris*, deux chevaux de renfort, à 5 fr. chacun.	10	»

TOTAL des frais de halage. . . . . 571 fr. 50 c. — 571 | 50

Frais de passage des ponts et pertuis.

Les frais de passage des ponts et pertuis, pour un Bateau de moyenne dimension, de 40 à 44 mètres, chargé, à la remonte de

	Fr.	C.	Fr.	C.
A REPORTER.	571	50	2,527,089	55

	Fr.	C.	Fr.	C.
REPORT.	571	50	2,527,089	55
Conflans à *Saint-Denis*, s'élèvent, ainsi qu'il est mentionné au troisième chapitre, à la somme de. . . . . 22 fr. 10 c.				
A laquelle somme, il faut ajouter les frais de passage des ponts indiqués ci-après :				
1° Au pont d'*Asnières*. 1 25				
2° Au pont de *Neuilly*. 1 25				
3° Au pont de *Saint-Cloud*. 12 55				
4° Au pont de *Sèvres*. 1 25				
TOTAL des frais de passage des ponts et pertuis. 38 fr. 40 c.	38	40		
Droits d'octroi de navigation.				
Les droits d'octroi de navigation, pour un Bateau de moyenne dimension, de 40 à 44 mètres, chargé, à la remonte de *Conflans* au canal *Saint-Denis*, s'élève, ainsi qu'il est mentionné au troisième chapitre, à la somme de. . . . . 25 fr. 70 c.				
A laquelle somme il faut ajouter le droit d'octroi de navigation, de *Neuilly* à *Paris*, qui est de 10 fr. 10 c. par Bateau appartenant à cette classe, décime et timbre compris. 10 10				
TOTAL des droits d'octroi. . . . . . . 35 fr. 80 c.	35	80		
Les frais de nourriture et les gages des trois hommes d'équipage, l'entretien du Bateau, de ses agrès, y compris l'intérêt de sa valeur, comme il est mentionné au troisième chapitre.	445	17		
TOTAL des frais de transport de marchandises chargées sur un Bateau de moyenne dimension, de 40 à 44 mètres, portant 375 tonneaux, allant à la remonte et à longs jours de *Conflans* à *Paris*, par le pont de *Neuilly*.	1,090	87		
A REPORTER.	1,090	87	2,527,089	55

	Fr.	C.	Fr.	C.
REPORT des frais de transport mentionnés d'autre part.	1,090	87	2,527,089	55
Le nombre moyen de Bateaux chargés, à la remonte de *Conflans* à *Paris*, par le pont de *Neuilly*, est de deux cent trente-trois :				
Deux cent trente-trois Bateaux à 1,090 fr. 87 c. chacun, pour frais de transport, ainsi qu'il est mentionné ci-dessus, forment ensemble la somme de.	. . . . . .		254,172	71
La moyenne des tonneaux de marchandises transportés sur ces deux cent trente-trois Bateaux, est de 87,375 tonneaux.				
La dépense totale, pour le transport de ces 87,375 tonneaux, est de 254,172 fr. 71 c.				
Ainsi, le prix, par tonneau de marchandises, revient, pour frais de transport, de *Conflans* à *Paris*, par le pont de *Neuilly*, à 2 fr. 91 c. par tonneau.				
NOTA. Ne sont pas compris dans ces quatre chapitres les flettes chargées, ni les bateaux à vapeur avec ou sans chaland.				
A REPORTER.	. . . . . .		2,781,262	26

	Fr. C.	Fr. C.
REPORT.	. . . . . .	2,781,262 26

CHAPITRE V.

BATEAU CHARGÉ, A LA DESCENTE DU CANAL SAINT-DENIS A ROUEN.

Frais de halage.

Un Bateau de moyenne dimension, de 40 à 44 mètres, portant 375 tonneaux de marchandises, chargé, à la descente du canal *Saint-Denis* à *Rouen*, est halé par deux chevaux conduits par un charretier.

La descente se fait en sept ou huit jours.

La totalité des frais de halage, du canal *Saint-Denis* à *Rouen*, est de. . . . . Fr. 150 C. »

Frais de passage des ponts et pertuis.

Les frais de passage des ponts et pertuis, pour un Bateau de moyenne dimension, de 40 à 44 mètres, chargé, à la descente du canal *Saint-Denis* à *Rouen*, sont, ainsi qu'il suit :

1° Au pertuis de la *Morue*, pour le chef du pertuis, même prix que pour les Bateaux montants, et pour les aides moitié prix des Bateaux à la remonte, ensemble. . . . . 6 fr. 65 c.

2° Au pont de *Chatou*, pour le chef de pont, même prix que pour les Bateaux montants, et pour l'aide *moitié dito*, ensemble. 3 07

3° Au pont du *Pecq*, même prix que pour les Bateaux montants. 2 35

A REPORTER.	12 fr. 07 c.	150 »	2,781,262 26

			Fr.	C.	Fr.	C.
REPORT.	12 fr.	07 c.	150	»	2,781,262	26
4° Au pont de *Maisons*, pour le chef de pont et les aides, même prix que pour les Bateaux montants, ensemble.	5	20				
5° Au pont de *Poissy*, pour le chef et les aides, le *tiers dito*, ensemble.	6	33				
6° Au pont de *Meulan*, pour le chef de pont, *moitié dito*, et pour les aides, le *tiers dito*, ensemble.	7	»				
7° Au pont de *Mantes*, pour le chef de pont, *moitié dito*, et pour les aides, le *tiers dito*, ensemble.	7	»				
8° Au pont de *Vernon*, pour le chef de pont, *deux tiers dito*, et pour les aides, *moitié dito*, ensemble.	17	66				
9° Au pertuis de *Poses*, pour le chef et les aides, *moitié dito*, ensemble.	17	»				
10° Au pertuis de *Martot*, pour le chef du pertuis, le *tiers dito*, et pour les aides, *moitié dito*, ensemble.	6	84				
TOTAL des frais de passage des ponts et pertuis.	79 fr.	10 c.	79	10		
NOTA. Au pont de *Besons*, et au pertuis des *Gourdaines*, les Bateaux avalants, chargés, ne paient point de droits de passage.						
Droits d'octroi de navigation.						
Les droits d'octroi de navigation, pour un Bateau de moyenne dimension, de 40 à 44 mètres, chargé, à la descente du canal						
A REPORTER.			229	10	2,781,262	26

	Fr.	C.	Fr.	C.
REPORT.	229	10	2,781,262	26
Saint - Denis à *Rouen*, sont, ainsi qu'il est indiqué ci - après :				
1° Du canal *Saint-Denis* au *Pecq*, pour droit fixe, décime et timbre compris, ensemble. . . . . 14 fr. 50 c.				
2° Du *Pecq* à *Mantes*, pour droit fixe, décime et timbre compris, ensemble. 44 20				
3° De *Mantes* à *Pont-de-l'Arche*, idem. . . 44 20				
4° De *Pont-de-l'Arche* à *Rouen*, idem. 44 20				
TOTAL des droits d'octroi. . . . . 147 fr. 10 c.	147	10		
TOTAL des frais de transport de marchandises chargées sur un Bateau de moyenne dimension, de 40 à 44 mètres, portant 375 tonneaux, allant à la descente du canal *Saint-Denis* à *Rouen*.	376	20		
Le nombre moyen de Bateaux, chargés, à la descente du canal *Saint-Denis* à *Rouen*, est de quatre cent quatorze.				
Quatre cent quatorze Bateaux à 376 fr. 20 c. chacun, pour frais de transport, ainsi qu'il est mentionné ci-dessus, forment ensemble la somme de.	. . . . . .		155,746	80
La moyenne des tonneaux de marchandises transportés sur ces quatre cent quatorze Bateaux, est de 155,250 tonneaux.				
La dépense totale, pour le transport de ces 155,250 tonneaux, est de 155,746 fr. 80 c.				
Ainsi, le prix, par tonneau de marchandises, revient, pour frais de transport, du canal *Saint-Denis* à *Rouen*, à 1 fr. par tonneau.				
NOTA. Les frais de nourriture et les gages des hommes d'équipage, l'entretien du Bateau et l'intérêt de sa valeur, ces divers frais se trouvent compris dans les dépenses faites à la remonte.				
A REPORTER.	. . . . . .		2,937,009	06

	Fr.	C.	Fr.	C.
REPORT.			2,937,009	06

CHAPITRE VI.

BATEAU CHARGÉ, A LA DESCENTE DE PARIS A ROUEN, PAR LE PONT DE NEUILLY.

Frais de halage.

Les frais de halage, pour un Bateau de moyenne dimension, de 40 à 44 mètres, chargé, à la descente du canal *Saint-Denis* à *Rouen*, s'élèvent, ainsi qu'il est mentionné au cinquième chapitre, à la somme de. . . . . 150 fr. » c.

A laquelle somme il faut ajouter les frais de halage de *Paris* au canal *Saint-Denis*, qui sont de 18 »

TOTAL des frais de halage. . . . . 168 fr. » c. — 168 »

Frais de passage des ponts et pertuis.

Les frais de passage des ponts et pertuis, pour un Bateau de cette dimension, chargé, à la descente du canal *Saint-Denis* à *Rouen*, s'élèvent, ainsi qu'il est mentionné au cinquième chapitre, à la somme de. . . . . 79 fr. 10 c.

A laquelle somme, il faut ajouter les frais de passage au pont de *Saint-Cloud*, qui sont, pour le chef de pont et les aides, moitié du prix des Bateaux à la remonte, ensemble. 6 27

TOTAL des frais de passage des ponts. . . . 85 fr. 37 c. — 85 37

NOTA. Les Bateaux chargés, à la descente de *Paris*, par le pont de *Neuilly* à *Rouen*, ne paient point de droits de passage aux ponts de *Sèvres*, de *Neuilly*, d'*Asnières*, et de *Besons*.

	Fr.	C.	Fr.	C.
A REPORTER.	253	37	2,937,009	06

	Fr.	C.	Fr.	C.
REPORT.	253	37	2,937,009	06
Droits d'octroi de navigation.				
Les droits d'octroi de navigation, pour un Bateau de moyenne dimension, chargé, à la descente du canal *Saint-Denis* à *Rouen*, s'élèvent, ainsi qu'il est mentionné au cinquième chapitre, à la somme de. . . . . 147 fr. 10 c.				
A laquelle somme il faut ajouter le droit d'octroi de navigation de *Paris* à *Neuilly*, qui est de 10 fr. 10 c., y compris le décime et le timbre, ensemble. 10 10				
TOTAL des droits d'octroi. . . . . 157 fr. 20 c.	157	20		
TOTAL des frais de transport de marchandises chargées sur un Bateau de moyenne dimension, allant à la descente de *Paris* à *Rouen*.	410	57		
Le nombre moyen de Bateaux chargés, à la descente de *Paris* à *Rouen*, par le pont de *Neuilly*, est de cent.				
Cent Bateaux à 410 fr. 57 c. chacun, pour frais de transport, ainsi qu'il est mentionné ci-dessus, forment ensemble la somme de.	. . . . . .		41,057	»
La moyenne des tonneaux de marchandises transportés sur ces cent Bateaux, est de 37,500 tonneaux.				
La dépense totale, pour le transport de ces 37,500 tonneaux, est de 41,057 fr.				
Ainsi, le prix, par tonneau de marchandises, revient, pour frais de transport, de *Paris* à *Rouen*, à 1 fr. 09 c. par tonneau.				
NOTA. Ne sont point compris dans le nombre de Bateaux avalants chargés, mentionnés dans le cinquième et le sixième chapitre, les toues, ni les trains de bois.				
A REPORTER.	. . . . . .		2,978,066	06

	Fr. C.	Fr.	C.
REPORT.	. . . . . .	2,978,066	06
Le nouveau droit que le chef du pont du *Pecq* perçoit pour passer les Bateaux au pont qui est en construction au *Pecq*, est le même que celui qu'il reçoit pour l'ancien pont, conformément à la décision ministérielle du 22 octobre 1831. Néanmoins, ce double droit n'est point compris dans ce travail, à cause qu'il cessera d'exister dès que ce pont sera construit, et que le vieux pont sera démoli.			
Le service de pilotage que j'organisai au pont d'*Argenteuil*, pendant la construction de ce pont, n'étant que provisoire et facultatif, les frais de ce service de pilotage ne sont point compris dans cet ouvrage.			
A REPORTER.	. . . . . .	2,978,066	06

	Fr.	C.	Fr.	C.
REPORT.	. . . . . .		2,978,066	06

CHAPITRE VII.

BATEAU AVALANT, A VIDE, DU CANAL SAINT-DENIS A ROUEN.

Les Bateaux avalants à vide ne sont point halés par des chevaux; ils suivent le chenal de la rivière; et lorsqu'ils arrivent aux abords des ponts et pertuis, un ou deux mariniers viennent à terre, tenant une corde qui est fixée au Bateau qu'ils cajolent pour franchir ces passages.

Les mariniers n'ayant pas besoin, pour descendre leurs Bateaux, du concours des chefs et aides des ponts et pertuis, ils ne paient point de droits pour le passage de leurs Bateaux.

Les avalants à vide ne paient que les droits d'octroi de navigation indiqués ci-après :

1° Du canal *Saint-Denis* au *Pecq*, pour droit fixe, décime et timbre compris, pour un Bateau de moyenne dimension, de 40 à 44 mètres de longueur, allant à la descente et à vide.	4 fr.	98 c.
2° Du *Pecq* à *Mantes*, au mètre : un Bateau de 44 mètres, à 50 c. le mètre de longueur, plus un décime par franc et le timbre, ensemble.	24	40
3° De *Mantes* à *Pont-de-l'Arche*, au mètre : un Bateau de 44 mètres, à 1 fr. le mètre de longueur, plus le timbre, ensemble.	44	20
4° De *Pont-de-l'Arche* à *Rouen*, mêmes droits que ci-dessus.	44	20
TOTAL des frais pour un Bateau de moyenne dimension, allant à la descente et à vide du canal *Saint-Denis* à *Rouen*.	117 fr.	78 c.

	Fr.	C.	Fr.	C.
A REPORTER.	117 fr.	78 c.	2,978,066	06

	Fr.	C.	Fr.	C.
REPORT. . . . . 117 fr. 78 c.	. . . . . .		2,978,066	06
Le nombre moyen de Bateaux avalants à vide, allant du canal *Saint-Denis* à *Rouen*, est de quatre-vingt-dix-neuf.				
Quatre-vingt dix-neuf Bateaux à 117 fr. 78 c. chacun, pour droits d'octroi de navigation, ainsi qu'il est mentionné ci-dessus, forment ensemble la somme de.	11,660	22		
A REPORTER.	11,660	22	2,978,066	06

	Fr.	C.	Fr.	C.
REPORT.	11,660	22	2,978,066	06

CHAPITRE VIII.

BATEAU AVALANT, A VIDE, DE PARIS A ROUEN, PAR LE PONT DE NEUILLY.

Les droits d'octroi de navigation, pour un Bateau de moyenne dimension, de 40 à 44 mètres de longueur, allant à la descente et à vide, du canal *Saint-Denis* à *Rouen*, s'élèvent, ainsi qu'il est mentionné au septième chapitre, à la somme de. . 117 fr. 78 c.

A laquelle somme il faut ajouter les droits d'octroi de navigation de *Paris* à *Neuilly*, qui sont de 3 fr. 50 c., timbre et décime compris. 3 50

TOTAL des frais pour un Bateau de moyenne dimension, allant à la descente et à vide, de *Paris* à *Rouen*, par le pont de *Neuilly*. . . . . 121 fr. 28 c.

Le nombre moyen de Bateaux avalants à vide, allant de *Paris* à *Rouen*, est de soixante-onze.

	Fr.	C.	Fr.	C.
Soixante-onze Bateaux à 121 fr. 28 c. chacun, pour droits d'octroi de navigation, ainsi qu'il est mentionné ci-dessus, forment ensemble la somme de.	8,610	88		
A REPORTER.	20,271	10	2,978,066	06

	Fr.	C.	Fr.	C.
REPORT.	20,271	10	2,978,066	06

CHAPITRE IX.

BATEAU AVALANT, A VIDE, DU CANAL SAINT-DENIS A CONFLANS.

Les droits d'octroi de navigation, pour un Bateau de moyenne dimension, de 40 à 44 mètres de longueur, allant à la descente et à vide, du canal *Saint-Denis* au *Pecq*, pour droit fixe, décime et timbre compris, comme il est indiqué au septième chapitre. . . . . 4 fr. 98 c.

TOTAL des frais pour un Bateau de moyenne dimension, allant à la descente et à vide, du canal *Saint-Denis* à *Conflans*. . . . . 4 fr. 98 c.

Le nombre moyen de Bateaux avalants à vide, allant du canal *Saint-Denis* à *Conflans*, est de sept cent un.

	Fr.	C.	Fr.	C.
Sept cent un Bateaux à 4 fr. 98 c. chacun, pour droits d'octroi de navigation, ainsi qu'il est mentionné ci-dessus, forment ensemble la somme de.	3,490	98		

NOTA. Les droits d'octroi de navigation, du *Pecq* à *Conflans*, pour les Bateaux avalants à vide, se paient à *Pontoise*.

	Fr.	C.	Fr.	C.
A REPORTER.	23,762	08	2,978,066	06

	Fr.	C.	Fr.	C.
REPORT.	23,762	08	2,978,066	06

CHAPITRE X.

BATEAU AVALANT, A VIDE, DE PARIS A CONFLANS, PAR LE PONT DE NEUILLY.

Les droits d'octroi de navigation, pour un Bateau de moyenne dimension, de 40 à 44 mètres de longueur, allant à la descente et à vide de *Paris* à *Neuilly*, sont, ainsi qu'il est indiqué au huitième chapitre, de. 3 fr. 50 c.

Et ceux de *Neuilly* au *Pecq*, comme il est indiqué au neuvième chapitre. 4 98

TOTAL des frais pour un Bateau de moyenne dimension, allant à la descente et à vide de *Paris* à *Conflans*, par le pont de *Neuilly*. . . . . 8 fr. 48 c.

Le nombre moyen de Bateaux avalants à vide, allant de *Paris* à *Conflans*, est de deux cent trente-trois.

	Fr.	C.	Fr.	C.
Deux cent trente-trois Bateaux à 8 fr. 48 c. chacun, pour droits d'octroi de navigation, ainsi qu'il est mentionné ci-dessus, forment ensemble la somme de.	1,975	84		
TOTAL des droits d'octroi de navigation pour les mille cent quatre Bateaux avalants à vide, indiqués dans les quatre derniers chapitres, allant de *Paris* et du canal *Saint-Denis* à *Conflans* et à *Rouen*.	25,737	92	25,737	92

NOTA. Les Bateaux de l'*Oise*, chargés, à la remonte pour *Paris*, descendent ordinairement tous à vide.

	Fr.	C.	Fr.	C.
TOTAL général des frais de transport de marchandises annuellement en circulation entre *Rouen*, l'*Oise*, et *Paris*, tant à la remonte qu'à la descente, y compris les Bateaux avalants à vide. . .	. . . . . .		3,003,803	98

Pour résumer ce travail avec plus de clarté, je joins ici un tableau explicatif, qui analyse les dix chapitres précédents.

TABLEAU indiquant les points de départ et d'arrivage des Bateaux annuellement en circulation entre Rouen, l'Oise, et Paris, la quantité de marchandises dont ils sont chargés, les frais de transport, et les prix, par tonneau de marchandises, à la remonte et à la descente de la Seine, telle qu'elle est actuellement.

INDICATION des POINTS DE DÉPART ET D'ARRIVAGE DES BATEAUX EN CIRCULATION ENTRE ROUEN ET PARIS.	NOMBRE DE BATEAUX en CIRCULATION ENTRE ROUEN ET PARIS.	NOMBRE DE TONNEAUX de MARCHANDISES EN CIRCULATION ENTRE ROUEN ET PARIS.	TOTAL DES FRAIS POUR LE TRANSPORT DE CES TONNEAUX DE MARCHANDISES. Fr.	C.	PRIX PAR TONNEAU DE MARCHANDISES. Fr.	C.	OBSERVATIONS.
De Rouen au canal Saint-Denis. . .	513	192,375	1,327,013	01	6	90	Chargés, à la remonte.
De Rouen à Paris, par le pont de Neuilly.	171	64,125	474,212	07	7	40	*Idem.*
De Conflans au canal Saint-Denis.	701	262,875	725,864	47	2	76	*Idem.*
De Conflans à Paris, par le pont de Neuilly. . . .	233	87,375	254,172	71	2	91	*Idem.*
Du canal Saint-Denis à Rouen..	414	155,250	155,746	80	1	»	Chargés, à la descente.
De Paris à Rouen, par le pont de Neuilly.	100	37,500	41,057	»	1	09	*Idem.*
Du canal Saint-Denis à Rouen..	99	»	11,660	22	»	»	Bateaux avalants, à vide.
De Paris à Rouen, par le pont de Neuilly.	71	»	8,610	88	»	»	*Idem.*
Du canal Saint-Denis à Conflans.	701	»	3,490	98	»	»	*Idem.*
De Paris à Conflans par le pont de Neuilly. . .	233	»	1,975	84	»	»	*Idem.*
TOTAUX.	3,236	799,500	3,003,803	98			

D'après le tableau ci-contre, qui est le résumé des chapitres mentionnés d'autre part; lesquels contiennent tous les détails des frais de navigation entre Rouen, l'Oise, et Paris, tant à la remonte qu'à la descente, il résulte que la dépense totale pour le transport par eau, de 799,500 tonneaux de marchandises annuellement en circulation entre Rouen, l'Oise, et Paris, s'élève à la somme de *trois millions trois mille huit cent trois francs, quatre-vingt-dix-huit centimes.*

Maintenant, je vais rechercher quelle serait la réduction à opérer sur cette dépense, si la navigation de la Seine était perfectionnée; et comparer les prix de transport par tonneau de marchandises, avec les prix actuels.

Cet examen formera la deuxième partie de cet ouvrage.

DEUXIÈME PARTIE.

OBSERVATIONS

SUR LA

NAVIGATION DE LA SEINE,

ENTRE ROUEN ET PARIS,

ET

INDICATION DES TRAVAUX A FAIRE POUR LA PERFECTIONNER.

Les nombreuses sinuosités que la Seine décrit dans son cours entre *Paris* et *Rouen*, présentent, relativement à la proximité de ces deux points, une très grande étendue; car le développement de cette partie de la Seine, est de soixante lieues de quatre kilomètres.

Sa pente est généralement d'un centimètre par cent mètres; et sa profondeur moyenne, aux basses eaux, est d'environ deux mètres.

Mais cette profondeur n'est pas la même sur toute la longueur de cette partie de la Seine, car il y a beaucoup de hauts-fonds qui n'ont que deux pieds et demi ou trois pieds de profondeur aux basses eaux.

Pour franchir ces hauts-fonds, sur lesquels les Bateaux se mettent souvent à sec, les mariniers sont obligés de les alléger, en transportant une partie de leur chargement sur leurs flettes; et lorsqu'elles ne suffisent pas, ils frètent des Bateaux qui servent d'allége.

Ces accidents, qui, malheureusement, se renouvellent fréquemment pendant les basses eaux, occasionent une perte de temps bien précieux, des frais considérables, des avaries aux Bateaux et aux marchandises dont ils sont chargés; ils arrêtent leur marche, et font éprouver à la marine et au commerce le plus grand dommage.

Mais cet inconvénient est bien plus grave, lorsqu'un Bateau se met à sec sur un haut-fond dans un passage étroit; car dans cette position, ce Bateau intercepte le passage aux Bateaux qui sont derrière et devant lui.

Pendant la durée des basses eaux, je suis souvent appelé sur les points de la rivière où ces accidents ont lieu, pour activer l'allégement des Bateaux qui se mettent à sec, et pour rendre promptement à la circulation le passage qu'ils obstruent.

J'ai observé que cela arrive très souvent en amont du pertuis de la *Morue*, où il y a un ensablement considérable, et où j'ai vu mainte fois de pauvres mariniers obligés d'employer trente heures à un travail très pénible, pour alléger leurs charges et les mettre à flot, pendant que vingt Bateaux étaient arrêtés en amont et en aval du pertuis, en attendant que le passage fût libre.

Le pertuis de la *Morue* et la rivière neuve, sont les passages les plus difficiles et les plus dangereux de cette partie de la Seine, surtout dans les basses eaux. La rivière neuve est obstruée de pierre, de sable, et de gravier, que la corrosion des eaux détache des îles qui forment ce canal.

Mais le pertuis de la *Morue* est encore plus difficile à remonter, à cause de sa grande chute et de son peu de largeur à son embouchure. Aussi, pour franchir ces hauts-fonds, les mariniers sont obligés de mettre trente chevaux à leurs Bateaux, et, très souvent, ils en billent un plus grand nombre.

Les obstacles et les dangers que la rivière neuve et le pertuis de la *Morue* présentent, les frais considérables que la marine fait pour franchir ces hauts-fonds, la difficulté et peut-être l'impossibilité qu'il y a de rendre cette navigation moins difficile et moins périlleuse; toutes ces considérations devraient faire adopter le projet dont il a souvent été question, d'ouvrir un canal de dérivation et en ligne droite, depuis *Besons* jusqu'en aval du pont de *Maisons*, et dont la longueur serait d'environ quatre kilomètres.

Ce canal serait extrêmement avantageux à la marine et au commerce; les Bateaux ne passant plus par la rivière neuve, ni par le pertuis de la *Morue*, abrégeraient leur route de cinq lieues; il faudrait vingt chevaux de moins par Bateau; on éviterait les frais de passage de trois ponts et du pertuis; il y aurait deux traversées de moins à faire, dont l'une en aval du pont du *Pecq*, et l'autre en amont du pertuis; et enfin, la marine ferait une économie de 111 fr. par Bateau; ils resteraient un jour de moins en route, et ils pourraient faire le trajet de la rivière d'*Oise* à *Paris*, en six heures.

Tels seraient les avantages que l'ouverture de ce canal offrirait, non-seulement au commerce et à la marine, mais aussi aux habitants de la capitale; car en facilitant la circulation des marchandises, le prix de transport serait moins coûteux.

On voit, par cet exposé, que les hauts-fonds de la Seine, entre *Rouen* et le canal *Saint-Denis*, présentent de grands obstacles à la navigation; mais il y a aussi d'autres causes qui contribuent à rendre cette navigation difficile : le mauvais état des chemins de halage et des berges escarpées sur lesquelles les chevaux de halage montent difficilement; l'impossibilité de haler sur les bords extérieurs des îles, où il n'y a pas de chemin de contre-halage; l'ensablement des bras de la rivière, lesquels ne sont navigables que dans les hautes eaux. Ce dernier obstacle surtout oblige les mariniers à suivre le lit de la rivière et à faire de nombreuses traversées, qui sont extrêmement pénibles et dangereuses en tout temps, mais particulièrement dans la mauvaise saison.

Dans une tournée que je fis, je reconnus l'urgence qu'il y a d'établir des chemins de contre-halage sur les îles de *Méricourt*, *Mousseau*, *Freneuse*, et l'île de *Vienne*, et surtout de creuser le bras de rivière de *Jufosse*, pour éviter la traversée de l'île de *Vienne*, qui est la plus longue et la plus dangereuse à faire. J'adressai, à cet effet, un rapport à l'administration, et je fis inviter MM. les directeurs des compagnies des Bateaux de la Basse-Seine, à en faire la demande, qu'ils envoyèrent également à l'administration. M. l'ingénieur des ponts et chaussées de l'arrondissement de *Mantes*, fit un projet pour obtenir l'établissement de ces chemins de contre-halage; mais, malheureusement, les voies administratives ne permettent pas d'améliorer promptement.

Il faut ajouter à tous ces obstacles, ceux que les pêcheries présentent à la navigation. Les gords sont établis sur le chenal de la rivière, de sorte qu'ils interceptent le passage aux Bateaux, qui, pour éviter ces écueils, sont obligés de quitter le courant d'eau, où il y a le plus de profondeur, pour passer sur les bords et les hauts-fonds de la rivière.

Non-seulement les gords gênent la navigation, mais ils causent très souvent des avaries aux Bateaux, et particulièrement aux Bateaux avalants, que le courant d'eau entraîne sur ces écueils.

Néanmoins je suis parvenu, de concert avec M. l'ingénieur des ponts et chaussées de l'arrondissement de *Mantes*, à lever une partie de ces obstacles, en faisant supprimer ceux de ces gords qui nuisaient le plus à la navigation, et qui étaient établis à *Rosny*, *Bonnières*, et à *Port-Villé*. J'ai aussi proposé de faire placer des pates-d'oie en amont des gords qui n'ont pas été supprimés, afin de signaler aux marins ces écueils qui sont extrêmement dangereux lorsque les eaux sont hautes.

En général, les gords contribuent à détériorer les rivières : ils divisent le courant, et produisent des atterrissements qui forment insensiblement des îles, et qui finissent par changer entièrement le régime des rivières.

Je viens d'indiquer les principales causes qui rendent la navigation de la Seine, entre *Rouen* et le canal *Saint-Denis*, difficile, périlleuse sur divers points, longue, et dispendieuse.

Le moyen le plus économique et le plus facile pour la perfectionner serait :

1° D'ouvrir des canaux de dérivation partiels, et latéralement aux hauts-fonds, afin d'éviter ces passages difficiles.

2° De creuser les bras de rivière qui sont formés par les îles et la rive gauche, où le chemin de halage se maintient presque sans interruption.

3° De boucher l'ouverture des bras de rivière qu'on ne pourrait pas rendre navigables, en faisant des barrages submersibles en amont des îles, et en construisant des ponts en aval de ces îles, sur les bords extérieurs desquelles on établirait des chemins de halage. De cette manière les chevaux de halage passeraient sur le pont pour venir haler dans l'île, et ensuite sur le barrage submersible pour remonter sur le chemin de halage de la rive gauche.

Par ce moyen, la marche des chevaux de halage ne serait point interrompue, et on éviterait de faire des traversées.

4° D'élargir et exhausser les chemins de halage qui sont bas et étroits, et de faire un cailloutage de vingt-cinq à trente centimètres d'épaisseur sur toute leur longueur, ainsi que sur les chemins de halage qui seraient établis dans ces îles.

Ainsi, les divers travaux à faire pour perfectionner la navigation de la Seine, entre *Rouen* et le canal *Saint-Denis*, se divisent en deux parties distinctes; savoir:

Canaux de dérivation à ouvrir dans les parties de terrain qui correspondent aux hauts-fonds de la rivière, et réparations de diverses natures à faire dans les parties de rivière comprises entre ces hauts-fonds.

INDICATION

DES POINTS DE LA RIVIÈRE OU IL FAUT OUVRIR DES CANAUX PARTIELS DE DÉRIVATION.

1° Du pertuis de *Martot* à *Pont-de-l'Arche*, un canal de dérivation à ouvrir sur une longueur de deux lieues. . . . . 2 lieues.

2° De la rivière de l'*Andelle* jusqu'à *Portejoie*. 2

3° De *Lamarre* jusqu'à *Andelys*. 1 1/2

4° De *Saint-Pierre-de-la-Garenne* à *Port-Villé*. 4

5° En aval et en amont du pont de *Meulan*, il y a un haut-fond sur une longueur d'environ deux mille mètres. La rivière y est très large. Dans les basses eaux ce passage est très difficile; d'autant plus que la berge de l'île qui sert de halage est extrêmement étroite et à pic. Pour éviter ce haut-fond et cette île, il faudrait ouvrir un canal à quatre cents mètres en aval du pont, sur la rive gauche où est le chemin de halage, jusque vis-à-vis *Triel*, où les Bateaux montants passent de la rive gauche à la rive droite. Par ce moyen, on éviterait aussi l'île qui est en aval de cette traversée sur la rive gauche, et dont le bras étroit est obstrué par des éboulis de terre.

La longueur de ce canal, de *Meulan* jusqu'à la traversée de *Triel*, serait d'environ une lieue. 1

6° De *Poissy* à *Andresy*. 2 1/2

7° Du pont de *Maisons* à *Besons*. 1

TOTAL des lieues de canaux de dérivation à ouvrir. . . . . 14 lieues.

INDICATION

DES PORTIONS DE RIVIÈRE QUI EXIGENT DIVERSES RÉPARATIONS, ET QUI SE TROUVENT COMPRISES ENTRE LES HAUTS-FONDS DE LA RIVIÈRE.

1° De *Rouen* à *Martot*, diverses réparations à faire sur une longueur de huit lieues.	8 lieues.
2° De *Pont-de-l'Arche* à l'*Andelle*.	1
3° De *Portejoie* à *Lamarre*.	3 1/2
4° Des *Andelys* à *Saint-Pierre-de-la-Garenne*.	3
5° De *Port-Villé* à *Meulan*.	13 1/2
6° De *Triel* à *Poissy*.	1
7° D'*Andresy* au pont de *Maisons*, à l'embouchure du canal projeté.	3
8° De *Besons* au canal *Saint-Denis*.	3
TOTAL des lieues de rivière à perfectionner.	36 lieues.

La navigation sur la rive gauche étant plus facile, à cause de la disposition de la rivière et du chemin de halage qui est établi sur cette rive, les dérivations se feraient depuis le pertuis de *Martot* jusqu'à *Poissy*, sur la rive gauche, et la dérivation de *Poissy* à *Andresy* s'opérerait sur la rive droite.

Ces canaux de dérivation supprimeraient les passages des ponts et pertuis indiqués ci-après :

1° Les pertuis de *Martot*.
2° Pertuis de *Poses*.
3° Pertuis des *Gourdaines*.
4° Pont de *Vernon*.
5° Pont de *Meulan*.
6° Pont de *Poissy*.
7° Pont de *Maisons*.
8° Pont du *Pecq*.
9° Pont de *Chatou*.
10° Pertuis de la *Morue*.

De sorte que, de *Rouen* au canal *Saint-Denis*, il n'y aurait plus que deux ponts à franchir, celui de *Mantes* et celui de *Besons*.

Il en serait de même des traversées; elles seraient réduites à six, au lieu de trente ou quarante que les mariniers sont obligés de faire lorsque les eaux sont basses.

Ainsi, pour perfectionner complétement la navigation de la Seine, entre *Rouen* et le canal *Saint-Denis*, sur une longueur de cinquante lieues, il faudrait ouvrir quatorze lieues de canaux partiels de dérivation, de deux mètres de profondeur à l'étiage et avec écluse, curer et élargir les bras de rivière, construire des ponts de communication en aval des îles, et des barrages en amont, et réparer le chemin de halage sur une longueur de trente-six lieues.

Ces travaux, dont je vais évaluer la dépense, rendraient la navigation de la Basse-Seine, viable, facile, et accéléreraient considérablement la marche des Bateaux en circulation entre *Rouen* et *Paris*.

ÉVALUATION

DES DÉPENSES A FAIRE POUR L'EXÉCUTION DES TRAVAUX INDIQUÉS CI-CONTRE.

La hauteur moyenne des terrains qui correspondent aux hauts-fonds de la rivière, où il faut ouvrir des canaux de dérivation, est d'environ deux mètres au-dessus de l'étiage; conséquemment les déblais à faire seraient de quatre mètres, y compris la profondeur du canal.

	Fr. C.	Fr. C.
Ces déblais coûteraient environ 150 fr. par mètre courant, ou 600,000 fr. par lieue de quatre kilomètres, ci.	600,000 »	
Pour la construction des écluses et autres travaux d'art, estimés à 100,000 fr. par lieue, ci.	100,000 »	
Pour indemnité de terrain pour l'ouverture des canaux de dérivation, estimé à 24,000 fr. par lieue, ou 6 fr. par mètre courant, ci..	24,000 »	
Total des frais pour l'ouverture d'une lieue de canal de dérivation, ci.	724,000 »	
Quatorze lieues de canaux de dérivation, avec écluse, à 724,000 fr. par lieue, ci.	. . . . . .	10,136,000 »
L'évaluation des dépenses pour perfectionner les bras de rivière et réparer le chemin de halage, est de 125,000 fr. par lieue.		
Trente-six lieues de rivière perfectionnée, à 125,000 fr. par lieue, ci	. . . . . .	4,500,000 »
Pour dépenses imprévues, ci.	. . . . . .	364,000 »
Total des frais pour l'exécution des travaux mentionnés ci-dessus, ci.	. . . . . .	15,000,000 »

La navigation de la Seine, entre *Rouen* et le canal *Saint-Denis*, ainsi perfectionnée, et la dépense des travaux pour cet objet étant fixée, il faut examiner quels seront les prix de transport par tonneau de marchandises en circulation entre *Rouen* et *Paris*.

NAVIGATION DE LA SEINE PERFECTIONNÉE.

CHAPITRE PREMIER.

BATEAU CHARGÉ, A LA REMONTE, ALLANT EN ACCÉLÉRÉ, DE ROUEN A SAINT-DENIS, PAR LE NOUVEAU CANAL DE BESONS.

Frais de halage.

Dans l'état actuel de la navigation de la Seine, entre *Rouen* et *Paris*, un Bateau de moyenne dimension, de 40 à 44 mètres, ne porte que trois cent soixante-quinze tonneaux de marchandises, ayant un tirant d'eau de 4 pieds 1/2 à 5 pieds; tandis que, si elle était perfectionnée, ce même Bateau pourrait porter, en basses eaux, au moins quatre cents tonneaux, et, en hautes eaux, plus de cinq cents tonneaux de marchandises.

Les Bateaux appartenants à cette classe sont halés actuellement par dix chevaux de rhuns; et, sur divers points, par des chevaux de renfort. Mais, la navigation étant plus facile, il ne serait pas nécessaire de prendre des chevaux de renfort; on pourrait même réduire le nombre de chevaux de rhuns à huit au lieu de dix, et particulièrement en hautes eaux.

	Fr.	C.
Ainsi, les frais de halage, pour un Bateau de moyenne dimension, de 40 à 44 mètres, portant quatre cents tonneaux de marchandises, en basses eaux, halé par huit chevaux, allant en accéléré, de *Rouen* à *Saint-Denis*, par le nouveau canal de *Besons*, ne s'élèveraient qu'à la somme de 526 fr.; tandis qu'actuellement ces frais de halage sont de 1,271 fr. 60 c., ainsi qu'il est mentionné dans le premier chapitre de la première partie de cet ouvrage, ci.	526	»
Frais de passage des ponts.		
Actuellement, les frais de passage des ponts et pertuis, entre *Rouen* et le canal *Saint-Denis*, sont de 169 fr. 20 c.		
Mais, si la navigation de la Basse-Seine était perfectionnée, il n'y aurait plus que deux ponts à franchir, celui de *Mantes* et celui de *Besons*, dont les frais de passage sont de.	20	25
A REPORTER.	546	25

	Fr.	C.
REPORT.	546	25
Gages des Mariniers, et entretien du Bateau et de ses agrès.		
Les Bateaux chargés, à la remonte, et allant en accéléré, de *Rouen* au canal *Saint-Denis*, ne font, dans l'état actuel de la navigation, qu'un voyage par mois pour la remonte et la descente, tandis que, si elle était perfectionnée, ils pourraient en faire au moins deux; car, la navigation étant sûre et facile, les Bateaux voyageraient nuit et jour, de sorte qu'ils feraient le trajet de *Rouen* au canal *Saint-Denis* en quatre jours au plus; conséquemment, les frais de nourriture et les gages des hommes d'équipage, les frais d'entretien du Bateau, et l'intérêt de sa valeur, toutes ces dépenses, qui, actuellement, s'élèvent ensemble à la somme de 804 fr. 17 c., seraient réduites de moitié, ci.	402	08
TOTAL des frais de transport de marchandises chargées sur un Bateau de moyenne dimension, de 40 à 44 mètres, portant, en basses eaux, quatre cents tonneaux, allant à la remonte et en accéléré, de *Rouen* au canal *Saint-Denis*, ci..	948	33
Ainsi, le prix, par tonneau de marchandises, reviendrait, pour frais de transport, de *Rouen* au canal *Saint-Denis*, à 2 fr. 37 c. par tonneau.		

CHAPITRE II.

BATEAU CHARGÉ, A LA REMONTE, ALLANT EN ACCÉLÉRÉ, DE ROUEN A PARIS, PAR LE PONT DE NEUILLY.

			Fr.	C.
Frais de halage.				
Les frais de halage, pour un Bateau de moyenne dimension, de 40 à 44 mètres, portant en basses eaux quatre cents tonneaux de marchandises, allant à la remonte et en accéléré, de *Rouen* au canal *Saint-Denis*, s'élèvent, ainsi qu'il est mentionné au premier chapitre de la deuxième partie, à la somme de.	526 fr.	» c.		
La navigation, entre *Saint-Denis* et *Paris*, restant dans le même état qu'elle est actuellement, les relais qui sont établis entre ces deux points seraient conservés, et, par conséquent, les frais de relais seraient les mêmes que ceux qui sont indiqués au deuxième chapitre de la première partie, ci.	160	»		
Total des frais de halage.	686 fr.	»	686	»
Frais de passage des ponts.				
Les frais de passage des ponts, de *Rouen* au canal *Saint-Denis*, seraient, ainsi qu'il est indiqué au chapitre précédent, de. . .	20 fr.	25		
A laquelle somme il faut ajouter les frais de passage des ponts d'*Asnières*, de *Neuilly*, de *Saint-Cloud*, et de *Sèvres*, dont les frais de passage s'élèvent ensemble, comme il est indiqué au deuxième chapitre de la première partie, à la somme de. . . .	16 fr.	30		
Total des frais de passage des ponts	36 fr.	55 c.	36	55
A REPORTER.			722	55

	Fr.	C.
REPORT.	722	55
Gages des Mariniers, et entretien du Bateau et de ses agrès.		
Les frais de nourriture et les gages des hommes d'équipage, l'entretien du Bateau, et l'intérêt de sa valeur; ces diverses dépenses sont les mêmes que celles qui sont mentionnées au chapitre précédent, ci.	402	08
TOTAL des frais de transport de marchandises chargées sur un Bateau de moyenne dimension, portant, en basses eaux, quatre cents tonneaux, allant à la remonte et en accéléré, de *Rouen* à *Paris*, par *Neuilly*.	1,124	63
Ainsi, le prix, par tonneau de marchandises, reviendrait, pour frais de transport, de *Rouen* à *Paris*, par le pont de *Neuilly*, à 2 fr. 81 c. par tonneau.		

CHAPITRE III.

BATEAU CHARGÉ, A LA REMONTE, DE CONFLANS A SAINT-DENIS, PAR LE NOUVEAU CANAL DE BESONS.

	Fr.	C.
Frais de halage.		
Un Bateau de moyenne dimension, de 40 à 44 mètres, portant, en basses eaux, quatre cents tonneaux de marchandises, allant à la remonte, de *Conflans* au canal *Saint-Denis*, serait halé par six chevaux de rhuns seulement, au lieu de huit, et il ne serait pas nécessaire de prendre de chevaux de renfort.		
Actuellement, les frais de halage, pour un Bateau de cette dimension, allant de *Conflans* au canal *Saint-Denis*, sont de 542 fr. 50 c., ainsi qu'il est indiqué au troisième chapitre de la première partie; tandis que ces frais ne seraient plus que de 30 fr. pour ces six chevaux de halage, ci.	30	»
Frais de passage des ponts.		
Les frais de passage des ponts, de *Conflans* au canal *Saint-Denis*, qui, actuellement, sont de 22 fr. 10 c., seraient réduits à.	1	25
Gages des Mariniers, et entretien du Bateau et de ses agrès.		
Les Bateaux venant de *Conflans* mettent ordinairement huit jours pour la remonte et la descente. Si la navigation de la Seine était perfectionnée, ils n'auraient plus que *six lieues* à parcourir pour aller de *Conflans* à *Saint-Denis*, deux jours suffiraient pour la remonte et la descente.		
Ainsi, les frais de nourriture et les gages des hommes d'équipage, l'entretien du Bateau, et l'intérêt de sa valeur, ces diverses dépenses qui, actuellement, s'élèvent à la somme de 445 fr. 17 c., comme il est indiqué au troisième chapitre de la première partie, seraient réduites de trois quarts; elles ne seraient donc plus que de.	111	29
TOTAL des frais de transport de marchandises chargées sur un Bateau de moyenne dimension, portant, en basses eaux, quatre cents tonneaux, allant à la remonte, de *Conflans* au canal *Saint-Denis*, ci.	142	54
Ainsi, le prix, par tonneau de marchandises, reviendrait, pour frais de transport, de *Conflans* au canal *Saint-Denis*, à 0 fr. 36 c. par tonneau.		

CHAPITRE IV.

BATEAU CHARGÉ, A LA REMONTE, DE CONFLANS A PARIS, PAR LE PONT DE NEUILLY.

Frais de halage.

			Fr.	C.
Les frais de halage, pour un Bateau de moyenne dimension, de 40 à 44 mètres, portant, en basses eaux, quatre cents tonneaux de marchandises, allant à la remonte, de *Conflans* au canal *Saint-Denis*, s'élèvent, ainsi qu'il est indiqué dans le chapitre précédent, à.	30 fr.	» c.		
A laquelle somme il faut ajouter les frais de halage de *Saint-Denis* à *Paris*, lesquels sont, ainsi qu'il est indiqué au quatrième chapitre de la première partie, de	29	»		
Total des frais de halage.	59	»	59	»

Frais de passage des ponts.

	Fr.	C.
Les frais de passage des ponts, de *Conflans* à *Paris*, par le pont de *Neuilly*, qui, actuellement, sont de 38 fr. 40 c., seraient réduits à.	17	55

Gages des Mariniers, et entretien du Bateau et de ses agrès.

	Fr.	C.
Les frais de nourriture et les gages des hommes d'équipage, l'entretien du Bateau, et l'intérêt de sa valeur, comme il est indiqué au chapitre précédent, ci	111	29
Total des frais de transport de marchandises chargées sur un Bateau de moyenne dimension, portant, en basses eaux, quatre cents tonneaux, allant à la remonte, de *Conflans* à *Paris*, par *Neuilly*, ci.	187	84

Ainsi, le prix, par tonneau de marchandises, reviendrait, pour frais de transport, de *Conflans* à *Paris*, par le pont de *Neuilly*, à 0 fr. 47 c. par tonneau.

CHAPITRE V.

BATEAU CHARGÉ, A LA DESCENTE, DU CANAL SAINT-DENIS A ROUEN.

Frais de halage.

	Fr.	C.
Un Bateau de moyenne dimension, de 40 à 44 mètres, chargé, à la descente, du canal *Saint-Denis* à *Rouen*, est halé ordinairement par deux chevaux conduits par un charretier. La descente se fait actuellement en sept ou huit jours, et les frais de halage sont de 150 fr., ainsi qu'il est mentionné au cinquième chapitre de la première partie.		
Mais la navigation étant plus facile et moins longue, les Bateaux avalants, chargés, pourraient faire ce trajet en trois ou quatre jours; ainsi, les frais de halage, du canal *Saint-Denis* à *Rouen*, seraient réduits de moitié, ci.	75	»
Frais de passage des ponts.		
Pour frais de passage au pont de *Mantes*, comme il est indiqué au cinquième chapitre de la première partie, ci.	7	»
TOTAL des frais de transport de marchandises chargées sur un Bateau de moyenne dimension, portant quatre cents tonneaux, allant à la descente du canal *Saint-Denis* à *Rouen*, ci.	82	»
Ainsi, le prix, par tonneau de marchandises, reviendrait, pour frais de transport, du canal *Saint-Denis* à *Rouen*, à 0 fr. 20 c. par tonneau.		
NOTA. Les frais de nourriture, les gages des hommes d'équipage, et les frais d'entretien du matériel, sont compris dans les dépenses faites à la remonte.		

CHAPITRE VI.

BATEAU CHARGÉ, A LA DESCENTE, DE PARIS A ROUEN, PAR LE PONT DE NEUILLY.

Frais de halage.

			Fr.	C.
Les frais de halage, pour un Bateau de moyenne dimension, de 40 à 44 mètres, portant, en basses eaux, quatre cents tonneaux de marchandises, allant à la descente, du canal *Saint-Denis* à *Rouen*, sont, ainsi qu'il est mentionné au chapitre précédent, de.	75 fr.	» c.		
Et les frais de halage de *Paris* au canal *Saint-Denis*, comme il est indiqué au sixième chapitre de la première partie, ci. . . .	18	»		
TOTAL des frais de halage.	93 fr.	» c.	93	»

Frais de passage des ponts.

Au pont de *Saint-Cloud*, les Bateaux avalants, chargés, paient moitié du prix des Bateaux montant, comme il est mentionné au sixième chapitre de la première partie, ci.	6 fr.	27 c.		
Au pont de *Mantes*, ainsi qu'il est indiqué au chapitre précédent, ci.	7	»		
TOTAL des frais de passage des ponts. . . .	13 fr.	27 c.	13	27
TOTAL des frais de transport de marchandises chargées sur un Bateau de moyenne dimension, portant, en basses eaux, quatre cents tonneaux, allant à la descente, de *Paris* à *Rouen*, par le pont de *Neuilly*, ci.			106	27

Ainsi, le prix, par tonneau de marchandises, reviendrait, pour frais de transport, de *Paris* à *Rouen*, par le pont de *Neuilly*, à 0 fr. 26 c. par tonneau.

NOTA. Les droits d'octroi de navigation de la Seine, entre *Rouen*, l'*Oise*, et *Paris*, qui existent actuellement, lesquels sont mentionnés dans la première partie de cet ouvrage, ne sont point compris dans ces six derniers chapitres, attendu que les frais d'entretien des canaux et de la rivière perfectionnée seraient entièrement à la charge des concessionnaires des travaux pour perfectionner la navigation de la Seine. — La fourniture des pieux d'amarre pour garer les Bateaux, les pates-d'oie nécessaires à la navigation, ainsi que l'établissement et l'entretien des bacs destinés au passage des chevaux de halage, seraient également à la charge des concessionnaires.

Ainsi, l'entretien de la rivière, entre *Rouen* et *Paris*, n'étant plus, à l'avenir, à la charge du gouvernement, il cesserait de percevoir les droits d'octroi de navigation destinés à cet objet.

Les prix de transport, par tonneau de marchandises, à la remonte et à la descente de la Seine perfectionnée, étant fixés, il s'agit de créer un droit de tonnage destiné à payer l'intérêt du capital de *quinze millions* de francs, qui serait employé à perfectionner la navigation de la Seine entre *Rouen* et le canal *Saint-Denis*, et à payer l'entretien des canaux, de la rivière, et les frais d'administration.

Ces diverses dépenses sont divisées ainsi qu'il suit :

	Fr.	C.
1° Le capital de *quinze millions* de francs, à cinq pour cent, ci.	750,000	»
2° Les frais d'entretien des canaux de dérivation, y compris les frais d'administration, sont estimés à 1 fr. par mètre courant, ou 4,000 fr. par lieue de quatre kilomètres.		
Quatorze lieues de canaux de dérivation à entretenir, à 4,000 fr. par lieue, ci	56,000	»
3° Les frais d'entretien de la rivière perfectionnée, y compris l'établissement et l'entretien des bacs pour le passage des chevaux de halage, la fourniture des pieux d'amarre, des pates-d'oie, et généralement ce qui est nécessaire à la sûreté de la navigation; ces diverses dépenses sont évaluées à 1 fr. 50 c. par mètre courant, ou 6,000 fr. par lieue.		
Trente-six lieues de rivière perfectionnée à entretenir, à 6,000 fr. par lieue, ci	216,000	»
TOTAL de l'intérêt du capital de *quinze millions* de francs, et des frais d'entretien des canaux et de la rivière perfectionnée, ci.	1,022,000	»

DROIT DE TONNAGE

A créer pour payer l'intérêt du capital de quinze millions de francs, et les frais d'entretien des canaux et de la rivière perfectionnée.

On a vu dans le tableau qui se trouve dans la première partie de cet ouvrage, que la quantité moyenne de tonneaux de marchandises, annuellement en circulation entre *Rouen*, l'*Oise*, et *Paris*, tant à la remonte qu'à la descente, est de *sept cent quatre-vingt-dix-neuf mille cinq cents* tonneaux de marchandises.

La navigation de la Seine étant perfectionnée, la quantité de marchandises en circulation entre ces divers points, augmenterait de moitié; car les Bateaux à la remonte, de *Rouen* au canal *Saint-Denis*, qui, actuellement, ne font qu'un voyage par mois, en feraient facilement deux; et ceux de l'*Oise* pourraient en faire au moins trois.

Néanmoins, pour plus de sûreté, je ne porte la quantité de tonneaux de marchandises qui circuleraient, si la navigation de la Seine était perfectionnée, qu'à *quatre cent mille* tonneaux en sus de la circulation actuelle.

Ainsi, le *minimum* de la quantité de tonneaux de marchandises en circulation entre *Rouen*, l'*Oise*, et *Paris*, à la remonte et à la descente, serait d'environ *douze cent mille*.

En créant un droit de tonnage de *quatre-vingt-cinq centimes* par tonneau de marchandises, on couvrirait la totalité des frais provenants de l'intérêt de *quinze millions* de francs, de l'entretien des canaux et de la rivière perfectionnée.

Mais ce droit de tonnage de *quatre-vingt-cinq centimes*, qui produirait annuellement une somme de *un million vingt mille francs*, pourrait être réduit de beaucoup, en établissant également un droit de tonnage sur les Bateaux avalants à vide, comme cela existe actuellement, ainsi qu'on peut le voir dans les quatre derniers chapitres de la première partie de cet ouvrage.

Le tableau qui suit représente les prix de transport par tonneau de marchandises, tant à la remonte qu'à la descente de la Seine, telle qu'elle est actuellement, et les prix de transport par tonneau de marchandises, à la remonte et à la descente de la Seine perfectionnée.

On a joint à ces derniers prix le droit de tonnage de *quatre-vingt-cinq centimes* par tonneau de marchandises, destiné à payer l'intérêt du capital de *quinze millions* de francs, et les frais d'entretien des canaux et de la rivière perfectionnée.

TABLEAU comparatif des prix de transport, par tonneau de marchandises, à la remonte et à la descente de la Seine, telle qu'elle est actuellement, et à la remonte et à la descente de la Seine perfectionnée.

INDICATION DES POINTS DE DÉPART ET D'ARRIVAGE DES BATEAUX CHARGÉS, A LA REMONTE ET A LA DESCENTE DE LA SEINE, ENTRE ROUEN ET PARIS.	PRIX PAR TONNEAU DE MARCHANDISES, A LA REMONTE ET A LA DESCENTE DE LA SEINE, TELLE QU'ELLE EST ACTUELLEMENT.				PRIX PAR TONNEAU DE MARCHANDISES, A LA REMONTE ET A LA DESCENTE DE LA SEINE PERFECTIONNÉE.				DIFFÉRENCE DES PRIX PAR TONNEAU DE MARCHANDISES.	
	REMONTE.		DESCENTE.		REMONTE.		DESCENTE.			
	Fr.	C.	Fr.	C.	Fr.	C.	Fr.	C.	Fr.	C.
De Rouen au canal Saint-Denis. . .	6	90	»	»	3	22	»	»	3	68
De Rouen à Paris, par Neuilly. . .	7	40	»	»	3	66	»	»	3	74
De Conflans au canal Saint-Denis. .	2	76	»	»	1	21	»	»	1	55
De Conflans à Paris, par Neuilly.	2	91	»	»	1	32	»	»	1	59
Du canal Saint-Denis à Rouen. .	»	»	1	»	»	»	1	05	»	05
De Paris à Rouen, par Neuilly. . .	»	»	1	09	»	»	1	11	»	02

RÉSUMÉ.

De la comparaison des prix de transport par tonneau de marchandises, à la remonte et à la descente de la Seine, telle qu'elle est actuellement, aux prix de transport par tonneau de marchandises, à la remonte et à la descente de la Seine perfectionnée, il résulte que, si la navigation de la Seine était améliorée, il y aurait une réduction dans les frais de transport de marchandises, à la remonte entre *Rouen*, l'*Oise*, et *Paris*, de plus de moitié, ainsi qu'il est indiqué dans le tableau comparatif ci-contre.

Mais ces réductions seraient encore bien plus considérables, si j'eusse porté au *minimum* les frais de construction, d'indemnité de terrain, d'entretien des canaux et de la rivière perfectionnée; et surtout, si j'eusse porté au *maximum* la charge des Bateaux de 40 à 44 mètres, qui serait de *quatre cent cinquante* tonneaux, en eaux moyennes; tandis que je n'ai porté que le *minimum* de la charge, en eaux basses, qui serait de *quatre cents* tonneaux.

Ces considérations doivent donc inspirer une entière confiance dans la fixation des prix de transport, par tonneau de marchandises, à la remonte de la Seine perfectionnée.

Quant aux prix par tonneau de marchandises, à la descente de *Paris* à *Rouen*, ils seraient à peu près les mêmes que les prix actuels. Les Bateaux avalants chargés auraient seulement l'avantage de rester trois ou quatre jours de moins en route.

Ainsi, les travaux d'amélioration de la Seine auraient pour résultat, de rendre la navigation entre *Rouen* et le canal *Saint-Denis*, sûre et facile, de diminuer considérablement les frais de transport, d'accélérer la marche des Bateaux; et, par conséquent, d'augmenter la circulation des marchandises entre *Rouen*, l'*Oise*, *et Paris*, de rendre la navigation sur cette partie de la Seine, plus libre; car les capitaines des Bateaux ne seraient plus obligés de venir à terre, pour présenter leur laissez-passer, leur quittance, et payer les droits d'octroi de navigation. Cet inconvénient est d'autant plus grand, que lorsqu'ils sont absents de leurs Bateaux, les hommes d'équipage dissipent et fraudent les marchandises qui sont à bord.

Si la navigation de la Seine, entre *Rouen* et le canal *Saint-Denis*, était perfectionnée, il n'y aurait plus qu'un seul droit de tonnage de *quatre-vingt-cinq centimes*, qui serait perçu au point de départ, ou à celui d'arrivage ; tandis qu'actuellement, les droits d'octroi de navigation entre *Rouen* et *Paris*, sont de diverses natures, et perçus sur plusieurs points de la ligne de navigation.

Au reste, ces droits sont fixés d'une manière irrégulière, sans proportion et sans équité ; car, ce n'est pas d'après la jauge des Bateaux que ces droits sont payés, mais seulement en raison de leur longueur ; de sorte que les Bateaux qui ont peu de largeur paient autant que les Bateaux de première classe, quoiqu'ils portent un tiers de moins de marchandises, pourvu toutefois qu'ils soient de même longueur que les grands Bateaux.

Enfin, les travaux d'amélioration de la Seine, entre *Rouen* et le canal *Saint-Denis*, seraient utiles à l'industrie, à la classe ouvrière ; ils procureraient des avantages réels au commerce, à la marine, et aux consommateurs ; et ils contribueraient puissamment à la prospérité de la capitale et de l'entrepôt qu'on doit y établir.

SAINT-GERMAIN-EN-LAYE, IMPRIMERIE D'A. GOUJON.

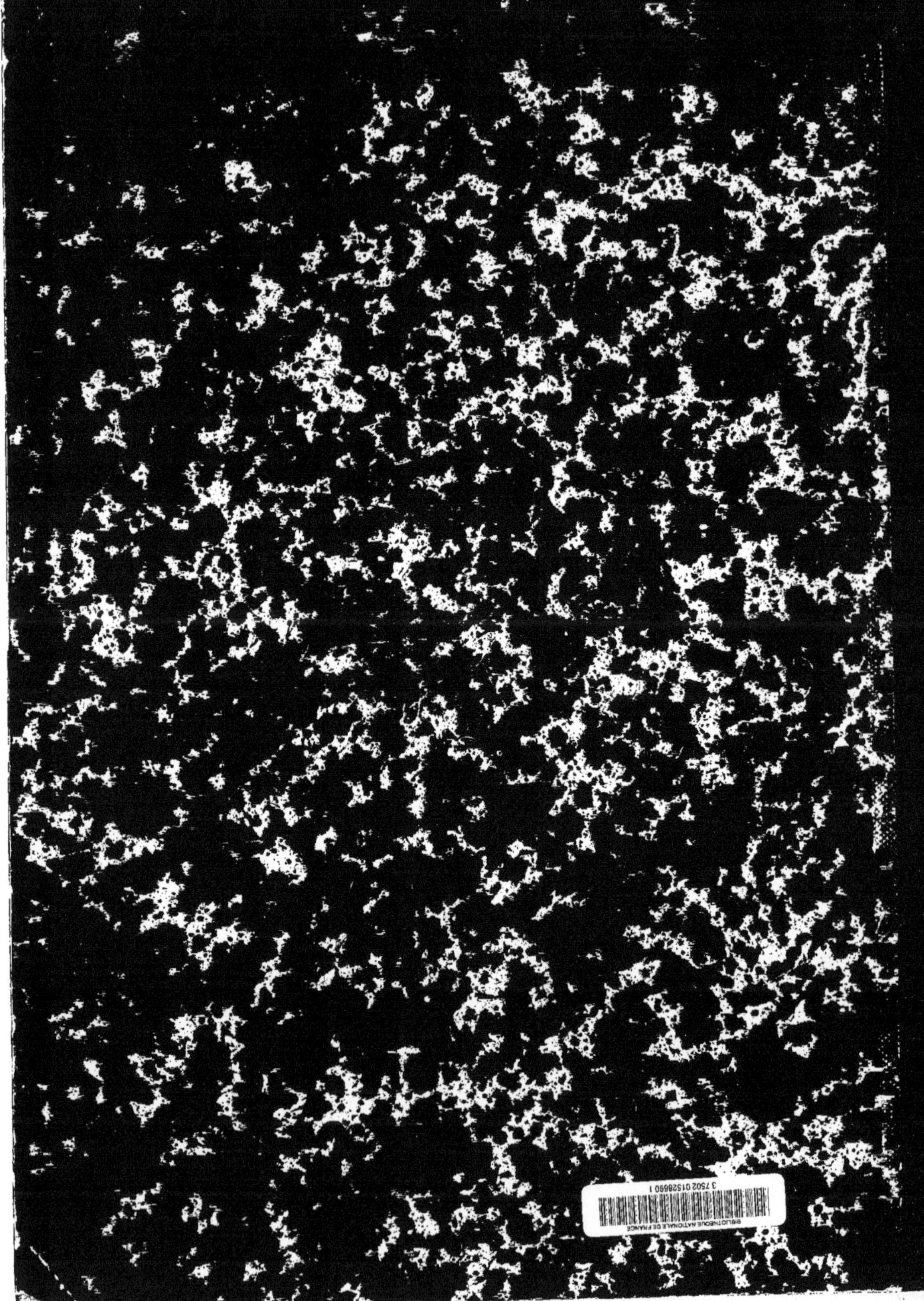

www.ingramcontent.com/pod-product-compliance
Ingram Content Group UK Ltd.
Pitfield, Milton Keynes, MK11 3LW, UK
UKHW022136190726
13855UKWH00003B/1180